Rueff

Wärmelehre

Skript zur Unterrichtseinheit
(Physik)

Wärmelehre

Skript zur Unterrichtseinheit
(Physik)

von Dr. Andreas Rueff

1. Auflage

 Books on Demand

Dr.-Ing. Dipl.-Phys. Andreas K. E. Rueff

Physik-Studium in Kaiserslautern, anschließend wissenschaftlicher Mitarbeiter am Leibniz-Institut für neue Materialien in Saarbrücken, Promotion in Saarbrücken, anschließend Zusatzqualifikation zum Lehramt für Mathematik und Physik.

Bibliographische Information der Deutschen Nationalbibliothek

Die Deutsche Nationalbibliothek verzeichnet diese Publikation in der Deutschen Nationalbibliographie; detaillierte bibliographische Daten sind im Internet über http://dnb.d-nb.de abrufbar.

© 2017 Dr. Andreas Rueff, Kaiserslautern

Herstellung und Verlag: BoD - Books on Demand, Norderstedt
ISBN 978-3-7448-73949 (14,99€)

1. Auflage, 2017
Internetseite zum Heft: www.mathematik-sek1.jimdo.com

Bildquellen: WIKIMEDIA COMMONS und PIXABAY ⓔ

Das Werk einschließlich aller seiner Teile ist urheberrechtlich geschützt.

Jede Verwertung außerhalb der Grenzen des Urheberrechtsgesetzes ist ohne Zustimmung des Verlages und des Verfassers unzulässig und strafbar. Das gilt insbesondere für Vervielfältigungen, Übersetzungen, Mikroverfilmungen oder die Einspeicherungen und Verarbeitung in elektronischen Systemen.

Vorwort

Die Ausbildung zu fördern und die erworbenen Kenntnisse für den Gebrauch in der Schule und im Alltag griffbereit zu erhalten ist das Ziel dieses Skripts. Die Zusammenstellung orientiert sich an den Inhalten der Unterrichtseinheit **Wärmelehre** im Rahmen des Unterrichtsfaches Physik. Es ist aus zahlreichen Unterrichtsvorbereitungen der vergangenen Jahre hervorgegangen und soll die wichtigsten Inhalte zusammenfassen.

Die vorliegende Zusammenstellung soll nur den notwendigsten Stoff in einer strukturierten Form erfassen und dadurch das Arbeiten erleichtern. Den Gesamtzusammenhang nicht aus den Augen zu verlieren ist die Absicht.

Jedes Lehrbuch lebt von der kritischen Mitarbeit der Leser. Insbesondere in der naturwissenschaftlichen Literatur lässt es sich auch bei sorgfältigster Bearbeitung kaum vermeiden, dass sich Druckfehler einschleichen. Der Verfasser freut sich deshalb über Verbesserungsvorschläge oder Hinweise auf mögliche Fehler.
Als nützliche Gedächtnisstütze zur Unterrichtseinheit zu dienen ist das Ziel.

Kaiserslautern, im Sommer 2017   A. Rueff

Inhalt

Wärmelehre 1
Arbeitsblatt – Temperaturen messen 2
Das Teilchenmodell (Kugelmodell)... 3
Der Ölfleckversuch 4
Flüssigkeiten erwärmen und abkühlen 5
Thermometerskalen (1) 6
Flüssigkeiten erwärmen und abkühlen (2) 7
Temperatur im Teilchenmodell.. 9
Temperatur und Energie 10
Was ist Energie? 11
Thermometerskalen (2) - Die Kelvinskala 12
Wann siedet Wasser? 13
Feste Köper erwärmen und abkühlen (1) 14
Anwendung: Temperaturausdehnung bei Brücken 15
Feste Köper erwärmen und abkühlen (2) 16
Gase erwärmen und abkühlen... 17
Die Anomalie von Wasser 19
Wärmetransport (1) - Wärmeleitung / Wärmedämmung 20
Wärmetransport (2) - Wärmemitführung 21
Wärme speichern (1) 22
Wärme speichern (2) 24
Wärmetransport (3) - Wärmestrahlung 25
Anhang... 26
    Arbeitsblatt – Temperaturen messen 26
    Anhang: Flüssigkeiten erwärmen und abkühlen..................... 27
    Anhang: Wärmeausdehnung fester Stoffe 28
    Anhang: Fest Körper erwärmen und abkühlen....................... 29
    Anhang: Gase erwärmen und abkühlen 30
    Anhang: Wärmekapazität 31

Wärmelehre

Die Wärmelehre (Thermodynamik) ist das Teilgebiet der Physik, in dem das Verhalten physikalischer Systeme bei Zu- und Abführung von Wärmeenergie, bzw. bei Temperaturänderungen untersucht wird.

❶ Wärmequellen: z.B.   Sonne
                         Heizung
                         Feuer
                         Tauchsieder

❷ Auswirkungen von Wärmezu- bzw. Wärmeabführung

z.B.: → Änderung der Temperatur eines Körpers
       → Änderung des Aggregatzustandes

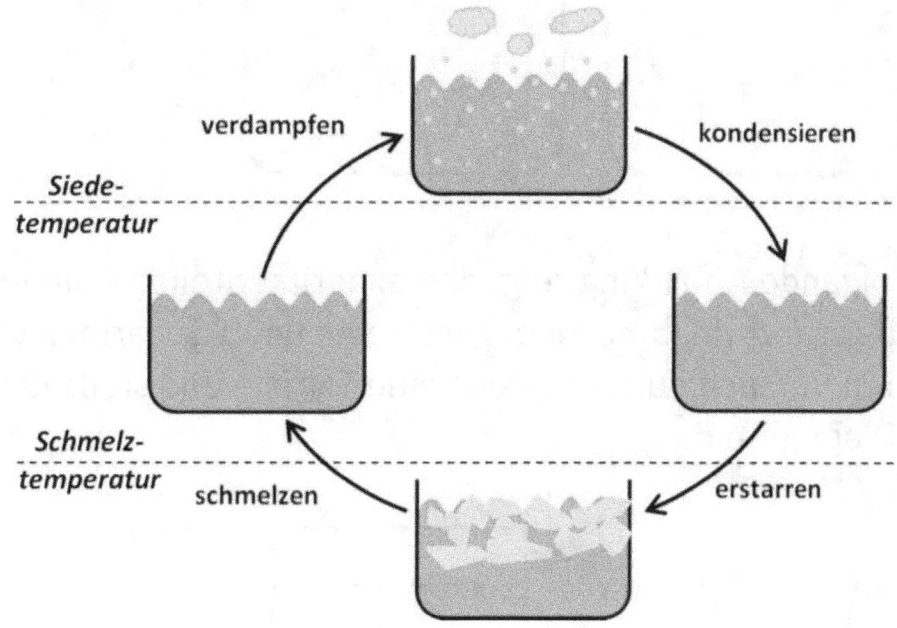

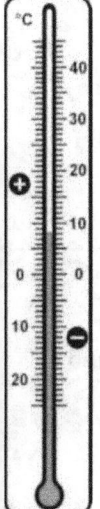

Temperaturmessung über das Temperaturempfinden oder mit einem Thermometer.

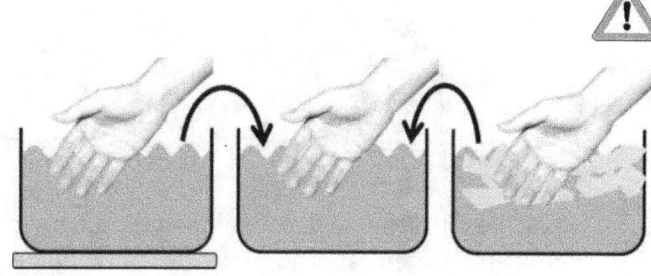

Arbeitsblatt – Temperaturen messen

1) Temperaturen können auf verschiedene Arten bestimmt werden:

A) Messung über unser _____ in einem Bereich

von ca. _____ bis _____.

B) Messung der Temperatur mit einem _____.

2) Welche Aussage über die Temperatur des Wassers in den drei Gefäßen und der Genauigkeit der verwendeten Messmethode kann man bei dem Versuch machen, der in der folgenden Abbildung dargestellt ist?

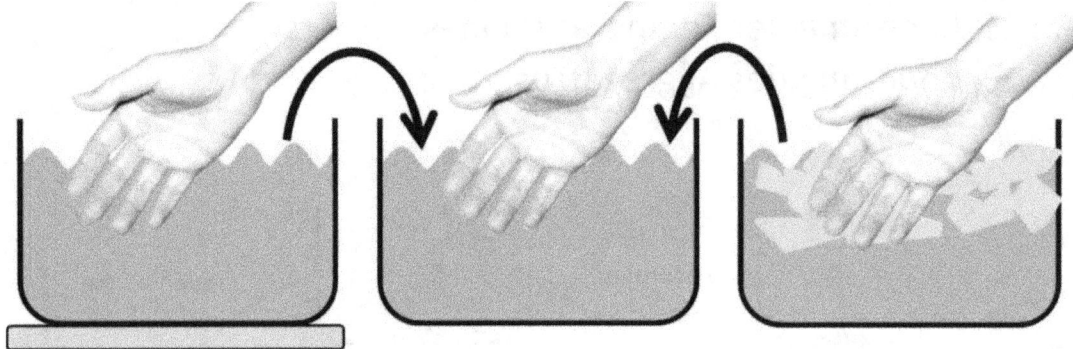

3) Die folgende Abbildung zeigt den experimentellen Aufbau eines Versuches zur Aufnahme einer Messreihe beim Erwärmen von Wasser. Führe den Versuch durch, erstelle eine Tabelle und stelle die Daten in einem Diagramm dar.

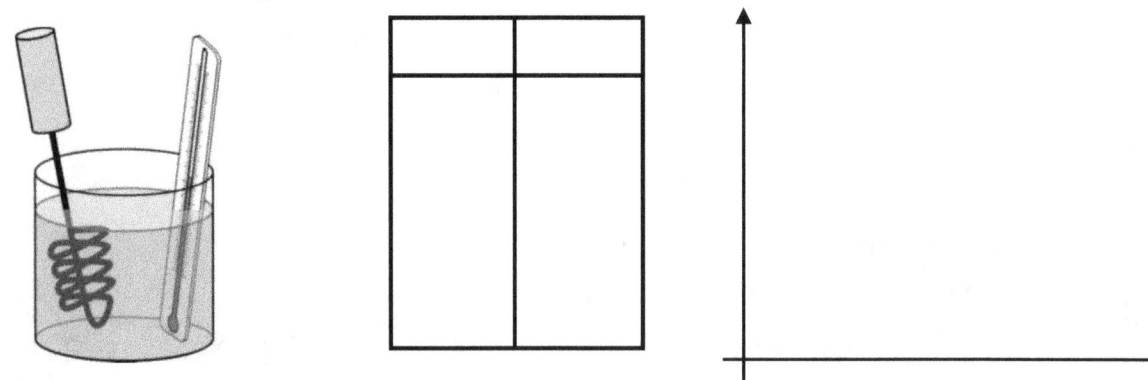

Beachte die Sicherheitsmaßnahmen (Schutzbrille, etc.)! Welche Aufgaben sind zu erledigen? Welche Probleme treten dabei auf? Wie seid ihr vorgegangen? Führt den Versuch ggf. ein zweites Mal durch und diskutiert die Ergebnisse.

Das Teilchenmodell (Kugelmodell)

Körper bestehen in dieser Modellvorstellung aus kugelförmigen Teilchen. Damit lassen sich viele Eigenschaften von Körpern erklären:

→ **Aggregatzustände**

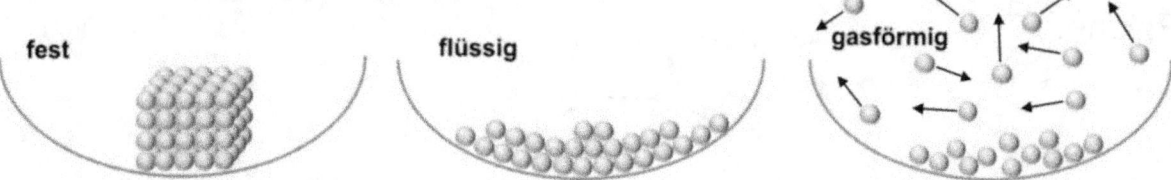

Der feste Zustand:
- Die Teilchen sind durch große Kräfte fest miteinander verbunden.
- Jedes Teilchen hat seinen festen Platz.
- Geringe Teilchenabstände.
- → Festkörper ändern die Form nicht.
- → Sie lassen sich nicht zusammenpressen.

Der flüssige Zustand:
- Die Teilchen lassen sich leicht gegenseitig verschieben.
- Die Kräfte zwischen den Teilchen sind geringer.
- Sie haben keine festen Plätze.
- Geringe Teilchenabstände.
- → Flüssigkeiten ändern die Form und passen sich einem Gefäß an.
- → Sie lassen sich nicht zusammenpressen.

Der gasförmige Zustand:
- Die Teilchen bewegen sich frei im Raum.
- Es gibt fast keine Anziehungskräfte.
- Große Teilchenabstände.
- → Gase passen sich der Gefäßform an.
- → Sie lassen sich zusammenpressen.

Der Ölfleckversuch

Welche Größe haben die Teilchen in Teilchenmodell?

Vorüberlegung: Eine Schüssel voller Kugeln wird entleert. Die Kugeln breiten sich dann alle nebeneinander aus und belegen eine bestimmte Fläche.

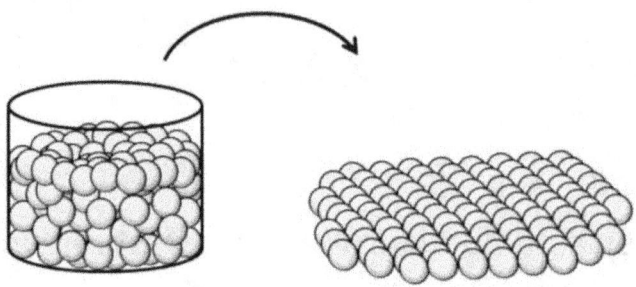

Ähnlich verhält es sich bei einem Öltropfen auf einer Wasseroberfläche. Die Teilchen des Öltropfens sind leichter als das Wasser und verteilen sich auf dessen Oberfläche gleichmäßig.

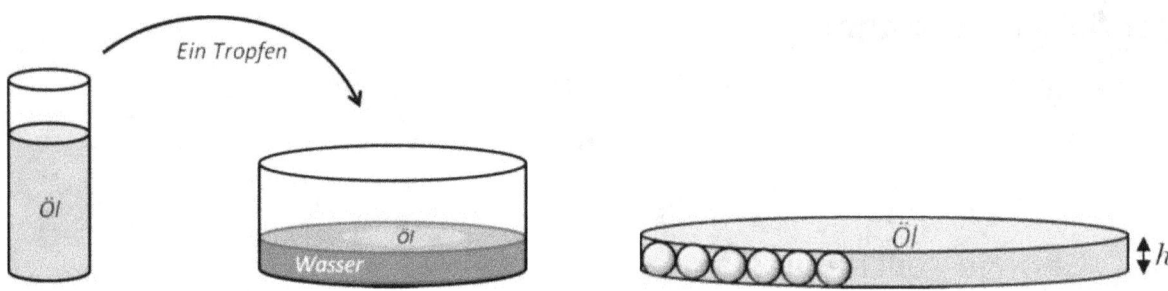

Es gilt: Volumen des Tröpfchens $V_{Öl} \cong 0{,}025 mm^3$

→ Die Form des Flecks entspricht dem Volumen eines Zylinders mit der Höhe eines Tröpfchens.
→ Die Grundfläche des Tröpfchens beträgt ca. $F_{Öl} \cong 20000 mm^3$.
→ Für einen Zylinder gilt: $V_{Zyl} = F_{Zyl} \cdot h \quad (= V_{Öl})$

Daraus ergibt sich der Durchmesser eines Ölteilchens:
$$h = \frac{V_{Zyl}}{F_{Zyl}} = \frac{0{,}025 mm^3}{20000 mm^2} \cong 0{,}00000125 mm \cong \frac{1{,}25}{1000000} mm \quad \text{(ca. 1 Millionstel Millimeter)}$$

Flüssigkeiten erwärmen und abkühlen

Wir betrachten eine Flüssigkeit und wollen untersuchen wie sie sich bei **_Wärmezufuhr_** verhält.

- Durch Wärmezufuhr steigt die Temperatur.

- Durch Wärmezufuhr ändert sich das Volumen.

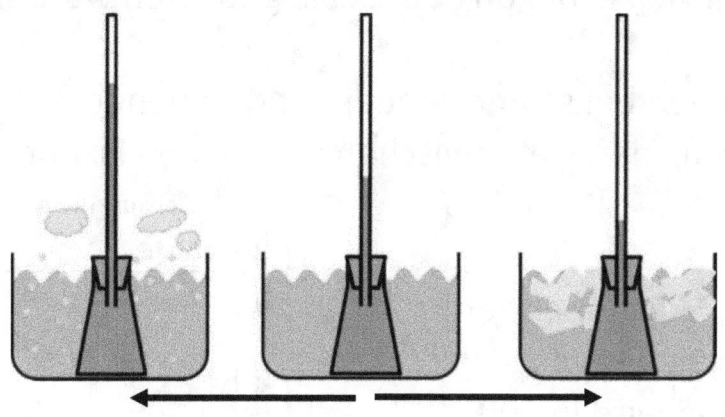

Wärmezufuhr   Wärmeentzug

- Der Stoff nimmt mit steigender (sinkender) Temperatur mehr (weniger) Raum ein.

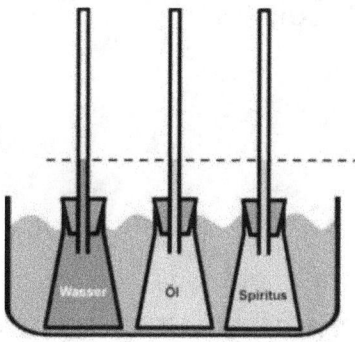
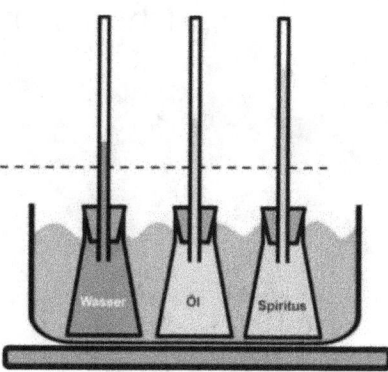

Unterschiedliche Stoffe (Öl [Glyzerin], Wasser, Spiritus) dehnen sich verschieden stark aus bei gleicher Temperaturänderung.

Die Volumenänderung flüssiger Stoffe hängt von drei Bedingungen ab:

1) Je größer die Menge der erwärmten Flüssigkeit, desto größer ist die Volumenänderung.
2) Je größer die Temperaturänderung, desto größer ist die Volumenänderung.
3) Die Volumenänderung hängt von der Art der Flüssigkeit ab.

Thermometerskalen (1)

Flüssigkeiten ändern bei *Wärmezufuhr* ihr Volumen.

Anwendung: Thermometer

Probleme: Verschieden dicke Steigrohre und unterschiedliche Festlegungen der Temperaturdifferenzen.

Es musste eine einheitliche Festlegung der Skala getroffen werden.

Olaf Römer: Markierungen bei schmelzendem und siedendem Wasser.
Anders Celsius: Einteilung der Skala zwischen den beiden Fixpunkten in 100 gleiche Teile.

Festlegung der Celsius-Skala über den Schmelzpunkt und den Siedepunkt von Wasser. Der Abstand wird in 100 Teile aufgeteilt. Jedes dieser Teile entspricht einem Grad Celsius.

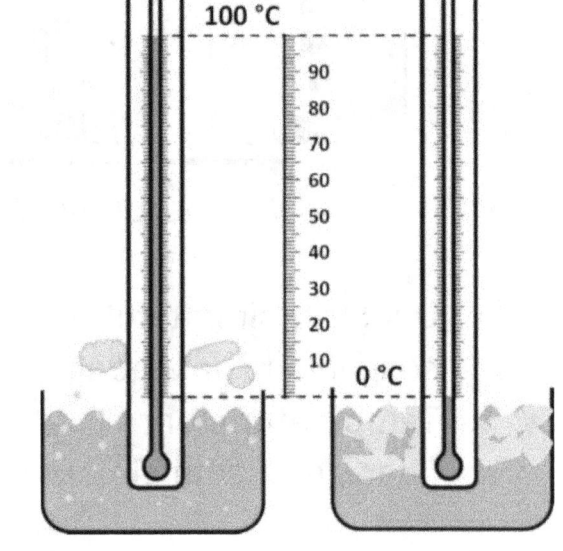

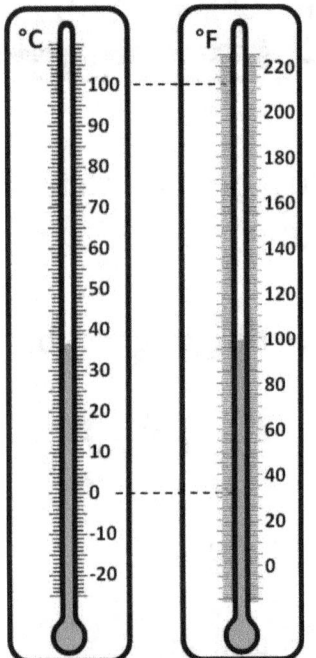

Alternative Temperatureinheit:
Vorschlag von Daniel G. **Fahrenheit** (noch vor der Einführung der Celsius-Skala):
a) Unterer Fixpunkt: Temperatur des bittersten Wintertages 1709
b) Oberer Fixpunkt: Menschliche Körpertemperatur.
c) Einteilung in 100 gleiche Teile.

[Wird heute noch in vielen Bereichen verwendet (USA).]

Flüssigkeiten erwärmen und abkühlen (2)

Berechnung der Ausdehnung: Allgemein gilt: $\boxed{\Delta V = \alpha \cdot V_0 \cdot \Delta \vartheta}$

V_0 : Anfangsvlumen

ΔV : Volumenänderung

α : Volumenausdehnungskoeffizient

$\Delta \vartheta$: Temperaturänderung

Für das neue Volumen einer Flüssigkeit gilt: $\boxed{l_\vartheta = l_0 \cdot (1 + \alpha \cdot \Delta \vartheta)}$

Die Zunahme des Volumens einer Flüssigkeit ist **vom Stoff abhängig**. Die Tabelle zeigt die Zunahme des Volumens einer Flüssigkeit bei einer Temperaturerhöhung um 1K.

Material	Raumausdehnungskoeffizient γ bei 20°C [$\frac{1}{K}$]
Aceton	0,00146
Benzin	0,001
Wasser	0,000206
Ethanol (Spiritus)	0,0014
Essigsäure	0,00108
Quecksilber	0,0001811
Glyzerin	0,00052
Heizöl	0,0007

(Quellen: Handbook of Chemistry and Physics, 92. Aufl., Taylor and Francis, 2011, www.haustechnikdialog.de)

Beispiel: Ein Auto wird an einem Sommertag vollgetankt. Es passen 60 Liter in den Tank. Das eingefüllte Benzin hatte eine Temperatur von 10°C. Im Tank herrscht eine Temperatur von 35°C. Berechne die Volumenzunahme:

geg.: $\text{Anfangsvolumen}: V_0 = 60l$; $Temperaturen: 10°C, 35°C$; γ

ges.: neues Volumen V_ϑ

lös.:

$$V_\vartheta = V_0 \cdot (1 + \gamma \cdot \Delta \vartheta)$$

$$V_\vartheta = 60l \cdot \left(1 + 0,00114 \tfrac{1}{K} \cdot (35-10)K\right) = 61,71l$$

→ Es sind also 1,71 Liter mehr im Tank! (Ggf. laufen diese aus! Achtung: Nicht volltanken im Sommer!)

Aufgaben:

1) Berechne die Volumenzunahme aus dem Versuch:

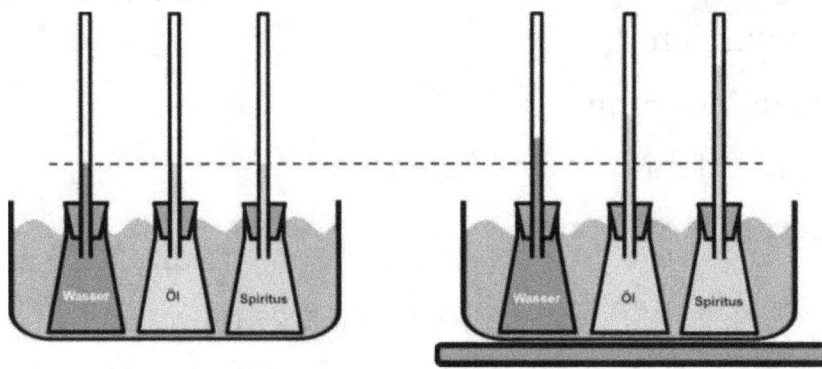

Geh davon aus, dass sich die Temperatur von 20°C auf 50°C erhöht hat und in einem Gefäß zunächst 80ml der Flüssigkeit befanden.(Flüssigkeiten: Wasser, Öl [Glyzerin], Spiritus)

2) In einem Quecksilber-Thermometer befindet sich bei Raumtemperatur eine Quecksilbermenge von 1ml. Weches Volumen nimmt das Quecksilber bei einer Temperatur von 70°C ein?

3) Ein Heizöltank wird bei Raumtemperatur (20°C) mit 6000 l Heizöl betankt. Die Anzeige steht anschlißend auf 80%. Die Temperatur im Keller beträgt aber nur 10°C. Was ist auf der Anzeige nach wenigen Stunden (ohne Heizölentnahme) zu sehen?

Temperatur im Teilchenmodell

Erweiterung des Teilchenmodells:
→ Robert Brown
Beobachtung von Blütenstaub (in einem Tropfen Wasser) unter dem Mikroskop.
→ Die einzelnen Pollenkörner waren ständig auf willkürlichen Zick-Zack-Bahnen in Bewegung.
(Brownsche Bewegung)

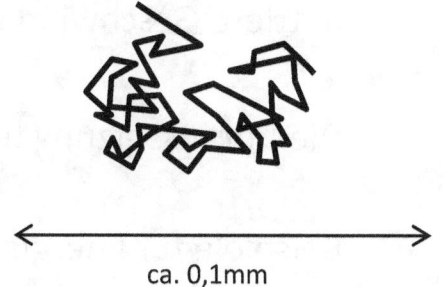

ca. 0,1mm

Erklärung:

Robert Brown

1) Die Wasserteilchen (Moleküle) sind im flüssigen Zustand ständig in Bewegung und stoßen die Pollenkörner an.
2) Mit zunehmender Temperatur nimmt die mittlere Geschwindigkeit der Teilchen zu.

→ Beim Übergang zum gasförmigen Zustand wird die Geschwindigkeit so groß, dass die Teilchen den Zusammenhalt verlieren und sich frei im Raum bewegen können.

→ Die Temperatur eines Körpers ist ein Maß für die mittlere Geschwindigkeit seiner Teilchen.

Auswirkungen im Alltag:
- Temperaturanstieg einer Bremsscheibe
- „Hände aneinander reiben" im Winter bewirkt einen Temperaturanstieg
- Temperaturanstieg beim Aufpumpen eines Fahrradreifens
- Bohrer einer Bohrmaschine werden heiß
- usw.

Temperatur und Energie

Allgemein gilt: Körper werden erwärmt → Temperatur steigt, die mittlere Geschwindigkeit der Teilchen steigt.

Die Voraussetzung hierfür ist die Zufuhr von ENERGIE.

Beispiele für Energiequellen aus dem Alltag:
- Sonne
- Elektrizität
- Brennstoffe (Holz, Benzin, Öl, Gas)

→ **Wärme** ist eine Form von **Energie!**

Wärme kann aus anderen Energieformen (mechanische Arbeit, Elektrizität, usw.) erzeugt/umgewandelt werden. Die zugeführte Energie wird gespeichert → Die **innere Energie** des Körpers steigt.

Innere Energie eines Körpers: Bewegungsenergie aller Teilchen des Körpers und die in deren Anordnung gespeicherte Energie.

Wärmeenergie kann auch direkt übertragen werden.

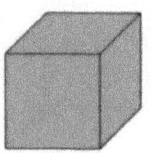  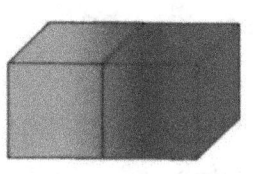 

warm   kalt $\xrightarrow{Energieübertrag}$ Temperaturausgleich

Physikalische Größe	Energie
Bezeichnung	E
Einheit	J (Joule)

Beispiel: Eine Tafel Schokolade wird um einen Meter hochgehoben:

→ $E = 1\,J$ [= 1 Nm (Newtonmeter)] [= 1 Ws (Wattsekunde)]

Was ist Energie?

Energie beschreibt die Fähigkeit eines Systems, Arbeit zu verrichten.
Man kann Energie weder erzeugen noch vernichten, sondern nur in den verschiedenen Energieformen umwandeln (Energieerhaltung).

Wichtige Energieformen:

- Mechanische Energie
- Wärmeenergie
- Elektrische Energie
- Strahlungsenergie
- Chemische Energie
- Kernenergie

Bildquellen: Pixabay

Energieeinheiten: J (Joule) (→ sehr kleine Energiemenge!) [1J = 1Ws = 1 Nm]

(größere Energiemengen werden in **Kilowattstunden kWh** angegeben)

Bei technischen Prozessen finden viele **Energieumwandlungen** statt.

| **Primärenergie** (Kohle, Öl, Sonne, Wind, usw.) | ⟶ | **Energiewandler** (Brenner, Turbine, Generator, Heizung, usw.) → mechanische Energie → elektrische Energie | ⟶ | **Nutzenergie** → Wärme (Haus) → Schall (Radio, TV) → Licht → Bewegung (Aufzug, Bohrer) usw. |

 Wärme  Wärme

Bei Energieumwandlungen wird immer ein Teil in Wärme umgewandelt.

Diese Energie geht für die Anwendung „verloren".

Thermometerskalen (2): Die Kelvinskala

Körper lassen sich nicht beliebig weit abkühlen. Hierfür betrachten wir einen Körper hinsichtlich seines Aufbaus:

Ein Körper besteht aus kleinsten Teilchen. Damit lassen sich die Aggregatzustände des Körpers verstehen:

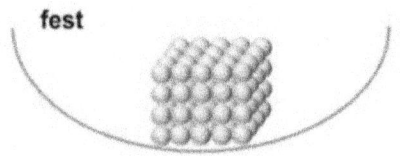

Die Teilchen eines festen Körpers sind aber nicht starr miteinander verbunden. Die Verbindungen lassen sich mit Schraubenfedern vergleichen.

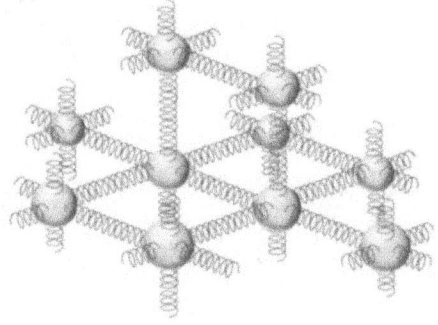

→ Je wärmer ein Körper ist, desto mehr bewegen sich die die Teilchen um ihre Ruhelage.

→ Umgekehrt muss gelten: Je kälter ein Körper ist, desto weniger bewegen sich die Teilchen. Am absoluten Nullpunkt bewegen sich die Teilchen dann theoretisch gar nicht mehr.

→ Festlegung einer neuen **Temperaturskala** durch Lord Kelvin: Der absolute Nullpunkt liegt bei „null Kelvin" (0 K = ca. -273°C). (Skalenabstände entsprechen der Celsiusskala)

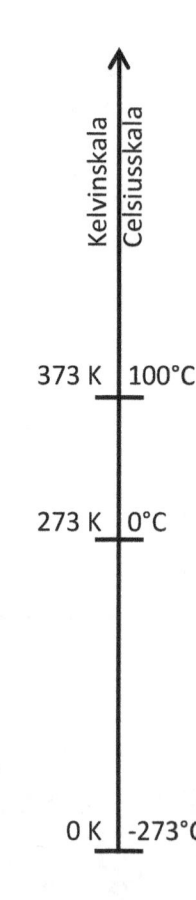

Wann siedet Wasser?

1654 zeigte Otto von Guericke, dass Luft von außen auf alle Körper eine Kraft wirken lässt: Den äußeren Luftdruck.

Otto von Guericke zeigte 1654 einen Versuch.
Hierbei wurden zwei Halbkugeln aus Kupfer aufeinandergelegt und im Innenraum die Luft herausgepumpt
(er erzeugte also ein Vakuum). 30 Pferde
schafften es nicht die beiden
Kugeln auseinanderzuziehen.

Von außen bewirkt die Luft einen Druck
auf die Halbkugeln.

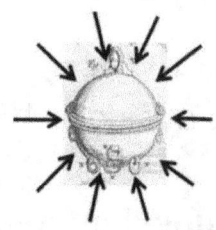

→ Dieser Druck wirkt auch auf eine
Flüssigkeitsoberfläche.

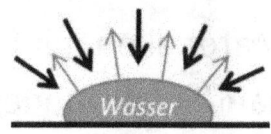

Unter normalem Luftdruck $(p=1013hPa)$ ist bei der Wassertemperatur von 100°C die mittlere Geschwindigkeit der Teilchen so groß, dass sie gegen den äußeren Luftdruck die Flüssigkeit verlassen können. → Das Wasser siedet.

Bei höherem Luftdruck muss das Wasser eine höhere Temperatur haben, d.h. die Siedetemperatur ist dann größer als 100°C.
(→ Anwendung: Schnellkochtopf)

Bei niedrigerem Luftdruck siedet das Wasser schon bei kleineren Temperaturen, d.h. die Siedetemperatur ist dann kleiner als 100°C.
(→ Anwendung: Siedetemperatur bei ca. 8000m → ca. 70°C)

Feste Köper erwärmen und abkühlen (1)

Frage: Wie verhalten sich feste Körper unter dem Einfluss der Jahreszeitlichen Temperaturänderungen?

Versuch:

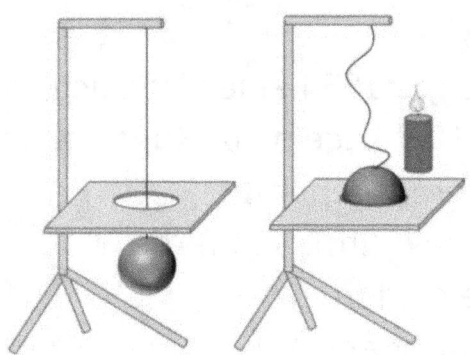

→ Fest Körper erfahren eine Volumen-, bzw. Längenänderung bei veränderlicher Temperatur!

Die Volumenänderung hängt ab von: - Material
                                                   - Temperaturänderung
                                                   - Ausgangsvolumen

Beispiele aus dem Alltag: Brücken, Eisenbahnschienen, Rohre, etc.

Anwendung: Bimetallthermometer

Zwei Materialien mit unterschiedlicher Wärmeausdehnung werden miteinander verbunden. Eine Änderung der Temperatur bewirkt dann eine Krümmung des entstandenen Bimetalls.

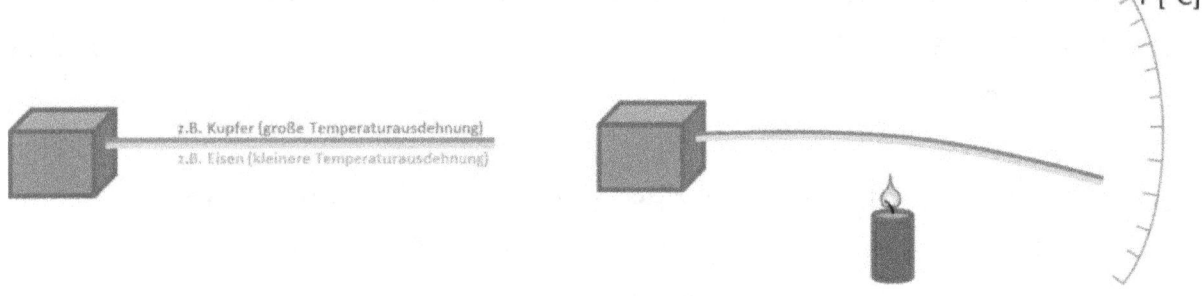

Besonderheit beim Baustoff „Stahlbeton": Beide Materialien dehnen sich bei Temperaturänderung gleichermaßen aus. Dadurch entstehen auch bei unterschiedlichen Temperaturen keine ungewollten Spannungen im Material.
(vgl. Anhang: Wärmeausdehnung fester Stoffe)

Anwendung: Temperaturausdehnung bei Brücken

Die Ausdehnung einer Brücke muss beim Bau berücksichtigt werden. Dafür wird die Brücke auf einer Seite fest verankert, auf der anderen Seite liegt sie auf einem bewegblichen Lager auf.

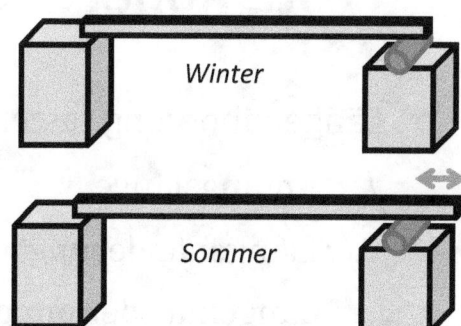

Die Brücke darf nur innerhalb der zugelassenen Begrenzungen benutzt werden.

Auf den Brücken sind Dehnungsfugen sichtbar:

Feste Köper erwärmen und abkühlen (2)

Längenänderung fester Körper - Allgemein gilt: $\boxed{\Delta l = \alpha \cdot l_0 \cdot \Delta \vartheta}$

l_0 : Anfangslänge

Δl : Längenänderung

α : Längenausdehnungskoeffizient

$\Delta \vartheta$: Temperaturänderung

Für die neue Länge eines Körpers gilt: $\boxed{l_\vartheta = l_0 \cdot (1 + \alpha \cdot \Delta \vartheta)}$

(Anmerkung: Es gilt allgemein zwischen Raumausdehnungskoeffizient γ und Längenausdehnungskoeffizient α der Zusammenhang: $\boxed{\gamma \cong 3 \cdot \alpha}$)

Beispiel: Eine Messingstange hat bei einer Temperatur von 10°C eine Länge von 20m. Berechne die Länge bei einer Temperaturänderung auf 35°C.

geg.: Anfangslänge: $l_0 = 20m$; $Temperaturen: 10°C, 35°C$; α

ges.: neue Länge l_ϑ

lös.:

$l_\vartheta = l_0 \cdot (1 + \alpha \cdot \Delta \vartheta)$

$l_\vartheta = 20m \cdot (1 + 0{,}0000185 \tfrac{1}{K} \cdot (35 - 10)K) = 20{,}00925m$

→ Die Länge bei 35°C beträgt 20,00925m. (Längenänderung: 9,25mm)

Aufgaben:

1) Ein Kupferrohr hat eine Länge von 5m. Es wird von 80°C heißem durchflossen. Wie ändert sich dadurch die Länge des Rohres?
2) Wie ändert sich die Länge einer 120 m langen Eisenbrücke während der Jahreszeiten? (Sommer: 35°C, Winter: -15°C)
3) Informiere dich über „Radreifen" bei der Eisenbahn. Wie werden diese Radreifen mit dem Radkörper des Eisenbahnrades verbunden?
4) Der Eifelturm (aus Stahl) hat eine Höhe von 324 m. Wie ändert sich seine Höhe im Sommer und Winter? (Sommer: 35°C, Winter: -15°C)
5) Eine rechteckige Säule aus Messing ist 50cm lang, 3cm breit und 10cm hoch. Sie wird um 90°C erhitzt. A) Wie ändern sich Länge, Breite und Höhe? B) Welches Volumen hat danach?
6) Die Dehnungsfuge einer Brücke hat im Sommer bei 35°C eine Breite von 42mm. Im Winter ist die Fuge 78mm breit. Wie lang ist die Brücke?

Gase erwärmen und abkühlen

Versuch: Ein Luftballon wir über eine Glasflasche gestülpt. Zunächst ist er noch nicht mit Luft gefüllt. Dann wird die Flasche in einem Wasserbad erwärmt.

Beobachtung: Der Luftballon füllt sich während der Erwärmung leicht mit Luft, Der Ballon spannt sich leicht.

Daraus schließen wir: Die Luft in der Flasche muss sich ausgedehnt haben und ist in den Ballon übergeströmt.

  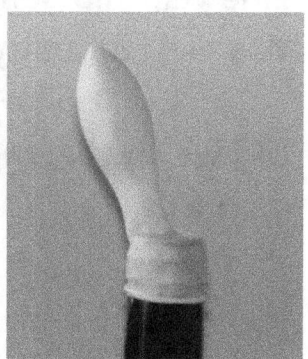

Besonderheit bei Gasen: Im Gegensatz zu Festkörpern und Flüssigkeiten dehnen sich alle Gase in gleichem Maß aus.

Es gilt: $$\boxed{\Delta V = \frac{1}{273K} \cdot V_0 \cdot \Delta \vartheta}$$

Die Ausdehnung bei Gasen ist größer als bei Festkörpern und Flüssigkeiten!

Beispiel: Der Inhalt der Weinflasche unseres Versuchs beträgt 0,7 Liter. Die Temperatur wurde um 20°C erhöht. Welches Volumen hatte die Luft anschließend?

geg.: $V_0 = 0{,}7l$; $\Delta \vartheta = 20K$

geg.: ΔV

lös.: $\Delta V = \frac{1}{273K} \cdot V_0 \cdot \Delta \vartheta = \frac{1}{273K} \cdot 0{,}7l \cdot 20K \cong 0{,}051l$

→ Es sind also anschließend 7,051 Liter in der Flasche.

Aufgaben:

1) Berechne das Volumen von 5m³ Luft (0°C) bei den Temperaturen 100°C, 273°C, 800°C, -10°C, -100°C.

2) Die Temperatur in einem Klassenzimmer (10m Länge, 6m Breite und 3m Höhe) wird von 10°C auf 23°C erhöht. Wie viel Luft entweicht dabei?

3) Eine verschlossene Flasche (2l) wird von 10°C auf 60°C erwärmt. Wie viel Luft entweicht beim Öffnen der Flasche?

4) Um welche Temperatur muss man einen Liter Luft erwärmen, damit sich das Volumen verdoppelt?

5) Der Luftdruck bei einem Autoreifen sollte im Herbst/Winter gelegentlich kontrolliert werden. Warum genau dann?

Körper werden erwärmt & abgekühlt

Zusammenfassung

	Wovon hängt die Volumenänderung ab?
Feste Körper	• Temperaturänderung • vom verwendeten Stoff • vom Ausgangsvolumen
Flüssige Körper	• Temperaturänderung • vom verwendeten Stoff • vom Ausgangsvolumen
Gasförmige Körper	• Temperaturänderung • vom Ausgangsvolumen Aber: NICHT vom verwendeten Stoff

Die Anomalie von Wasser

Allgemein gilt: Körper dehnen sich bei Erwärmung aus.

Aber: Wasser verhält sich sonderbar und nicht den gewohnten physikalischen Gesetzen entsprechend. Beim Abkühlen unter 4 °C und beim Erstarren vergrößert sich das Volumen.

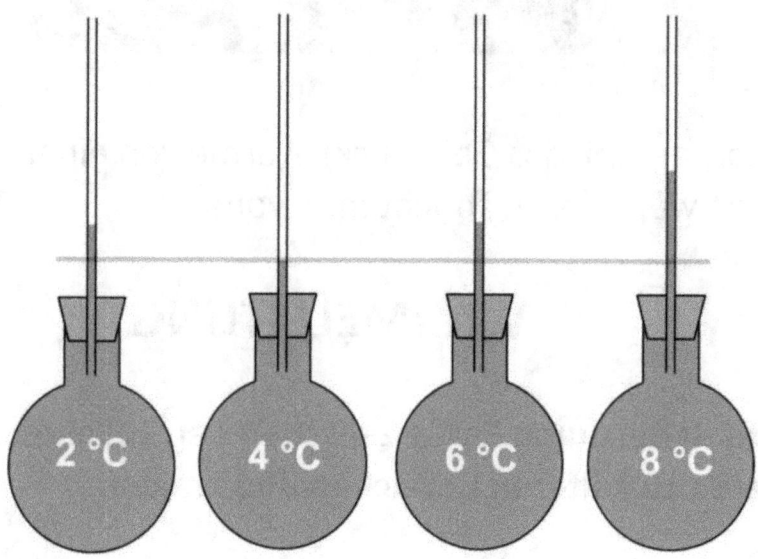

→ Wasser hat bei 4 °C sein kleinstes Volumen.
→ Wasser mit einer Temperatur von 4°C ist schwerer als Wasser jeder anderen Temperatur.

Konsequenzen im Alltag:

- Wasserleitungen dürfen nicht einfrieren
- Straßenschäden durch Frostaufbrüche
- Eisberge/Eiswürfel schwimmen an der Oberfläche
- Seen frieren von oben her zu.

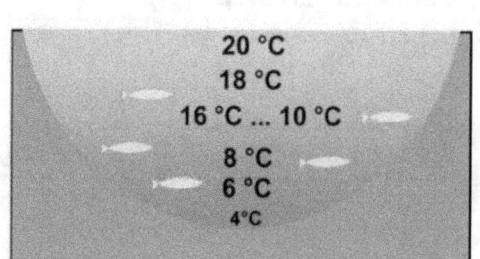

Wärmetransport (1): Wärmeleitung / Wärmedämmung

Wenn ein Körper (z.B. das Geldstück) Wärme von einem Ende zum anderen Ende weiterleitet spricht man von:

WÄRMELEITUNG

Energie wird dabei durch Stöße zwischen den Teilchen eines Körpers von wärmeren zu kälteren Bereichen übertragen.

Verschiedene Materialien leiten Wärme unterschiedlich gut:

- <u>Metalle</u> sind gute Wärmeleiter! (Aluminium, Kupfer, …)

Anwendungen:
→ Wärmetransport durch den Kochtopf
→ Kühlung von Motoren, Elektronik

- Schlechte Wärmeleiter: Glas, Holz, Luft (!) (Wärmedämmung)

Anwendungen:
→ Wärmedämmung in der Bautechnik (Dämmstoffe mit eingeschlossener Luft),
→ Winterkleidung,

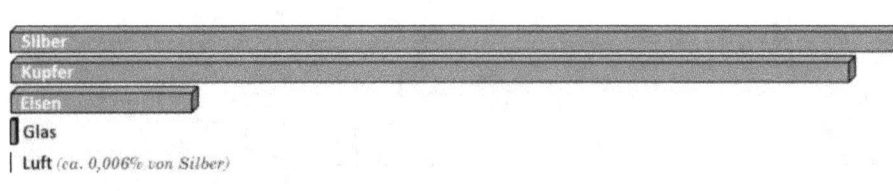

Wärmetransport (2): Wärmemitführung

Vergleiche die Abbildungen:

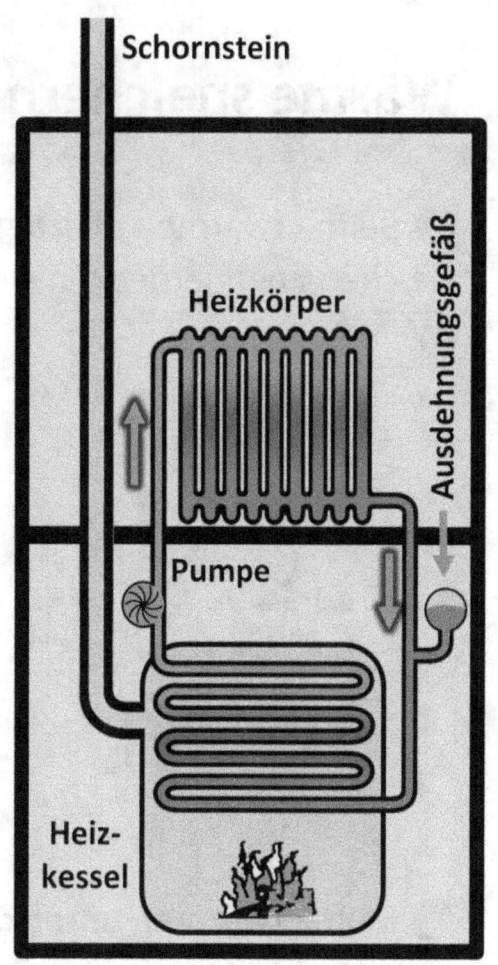

Was soll erwärmt werden?	
Wasser	Luft im Gebäude
Was stellt die Wärmequelle dar?	
Heizplatte	z.B.: Ölbrenner
Wie gelangt die Wärme zum Ziel?	
Durch den Topf	„Über" das Wasser (Pumpe!)
Wärmeleitfähigkeit des Überträgers	
Topf (Metall) – *guter Wärmeleiter*	Wasser – *schlechter Wärmeleiter*
Der Überträger bewegt sich nicht	Aber: Der Überträger bewegt sich!
Wärmetransport durch:	
Wärmeleitung	Kreislauf des Wassers → KONVEKTION

Konvektion: Transport von Wärmeenergie, gebunden an die Strömung eines Mediums (flüssig oder gasförmig).

Erzwungene Konvektion: durch Pumpen, Gebläse
Freie Konvektion: selbstständige Strömung durch Temperaturunterschiede (Ausdehnung flüssiger und gasförmiger Körper)

Wärme speichern (1)

❶ Beim Erwärmen **gleicher Mengen des gleichen Stoffs** werden bei gleichen Energiemengen gleiche Temperaturdifferenzen bewirkt.

$$\boxed{W_Q \propto \Delta \vartheta}$$

❷ Beim Erwärmen **unterschiedlicher Mengen des gleichen Stoffs** wird zum Erreichen einer bestimmten Temperaturdifferenz unterschiedlich viel Energie benötigt. $\boxed{W_Q \propto m}$

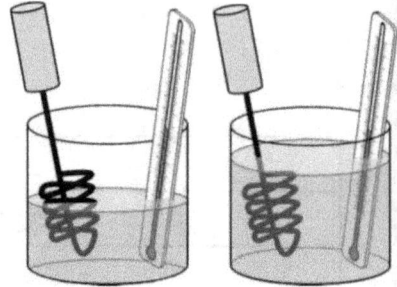

❸ Beim Erwärmen **gleicher Mengen verschiedener Stoffe** wird zum Erreichen einer bestimmten Temperaturdifferenz unterschiedlich viel Energie benötigt.

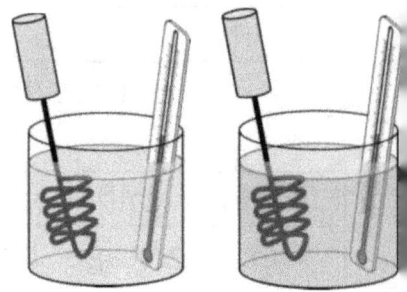

Verschiedene Stoffe speichern Wärmeenergie verschieden gut. Dies wird durch die **spezifische Wärmekapazität c** beschreiben.

$$\boxed{c = \frac{W_Q}{m \cdot \Delta \vartheta}} \quad \left[\frac{kJ}{kg \cdot K}\right]$$

W_Q : zugeführte Energie
m : Masse
$\Delta \vartheta$: Temperaturdifferenz

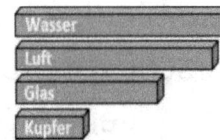

Aufgabe: Welche Energie ist nötig um 2 Liter Wasser von 15°C auf 70°C zu erhitzen?

geg: $m = 2l$; $c = 4{,}182 \frac{kJ}{kg \cdot K}$; $T_1 = 15°C$; $T_1 = 70°C$

ges.: W_Q

lös.:

$$\boxed{c = \frac{W_Q}{m \cdot \Delta \vartheta}}$$

$\rightarrow W_Q = c \cdot m \cdot \Delta \vartheta = c \cdot m \cdot (T_2 - T_1)$

$W_Q = 4{,}182 \frac{kJ}{kg \cdot K} \cdot 2 kg \cdot 55 K = \underline{\underline{460{,}02 kJ}}$

Stoff	Wärmekapazität c $\left[\frac{kJ}{kg \cdot K}\right]$
Wasser	4,182
Luft	1,005
Aluminium	0,9
Silber	0,24
Glas	0,8
Eisen	0,45

Aufgaben:

1) Welche Energie ist nötig um 5 Liter Wasser von 35°C auf 80°C zu erhitzen?
2) Welche Energie ist nötig um 10 kg Glas von 35°C auf 80°C zu erhitzen?
3) Die Temperatur in einem Klassenzimmer (10m Länge, 6m Breite und 3m Höhe) wird von 10°C auf 23°C erhöht. Welche Energie ist dafür nötig? (1 Liter Luft bei 10°C wiegt 0,001247kg)
4) Das Freibad Waschmühle hat eine Wasserfläche von 7400m².
   a) Berechne die benötigte Energiemenge um die Temperatur von 20°C auf 26°C zu erhöhen. (Geh von einer Wassertiefe von 3m aus.)
   b) Wie oft könntest du deinen Handy-Akku damit aufladen? (Energiemenge für eine Aufladung ca. $6{,}5 Wh = 23{,}4 kJ$)

Wärme speichern (2)

Beim Erwärmen von Eis wird Energie benötigt. Zunächst steigt dadurch die Temperatur des Eises. Damit das Eis dann in den flüssigen Zustand übergehen kann, muss bei einer Temperatur von 0°C weiterhin Energie zugeführt werden. Diese Wärmemenge bezeichnet man als **Schmelzwärme**.

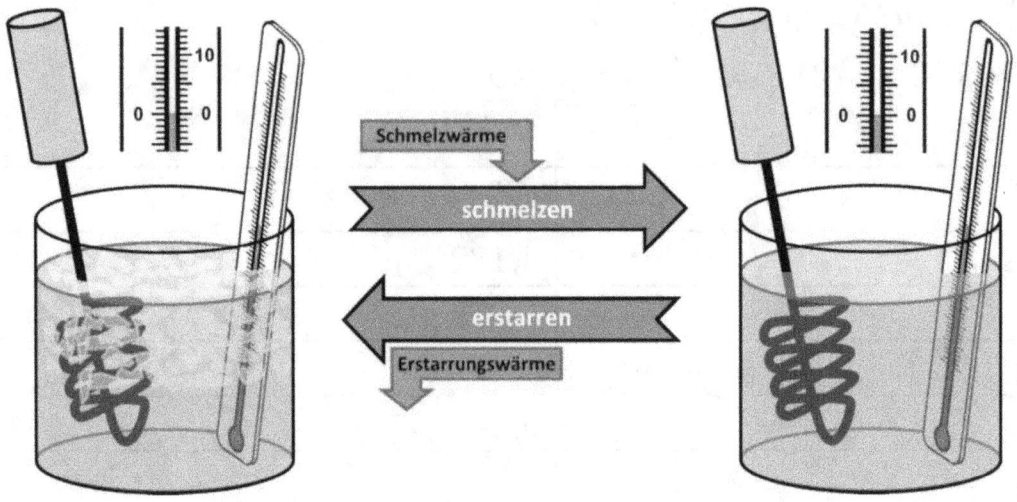

Umgekehrt wird diese Wärmemenge beim Erstarren wieder abgegeben.
Es gilt: Schmelzwärme = Erstarrungswärme

Bei Übergang vom flüssigen in den gasförmigen Zustand und umgekehrt wir ebenfalls Wärme benötigt, bzw. frei:

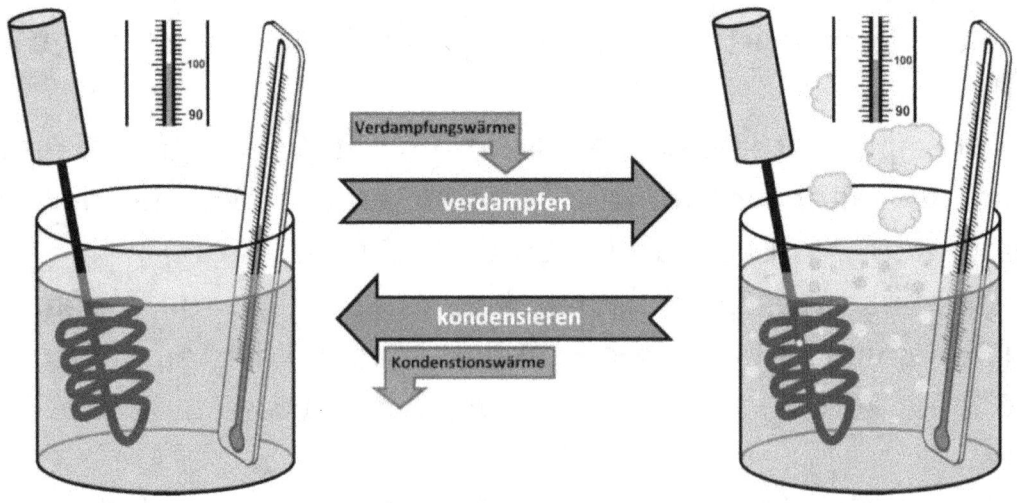

Es gilt: Verdampfungswärme = Kondensationswärme

(Die Schmelzwärme und Verdampfungswärme sind stoffabhängig!)

Wärmetransport (3): Wärmestrahlung

Wärme kann auch übertragen werden ohne die beiden besprochenen Wärmetransportmechanismen (Wärmeleitung und Konvektion) zu nutzen.

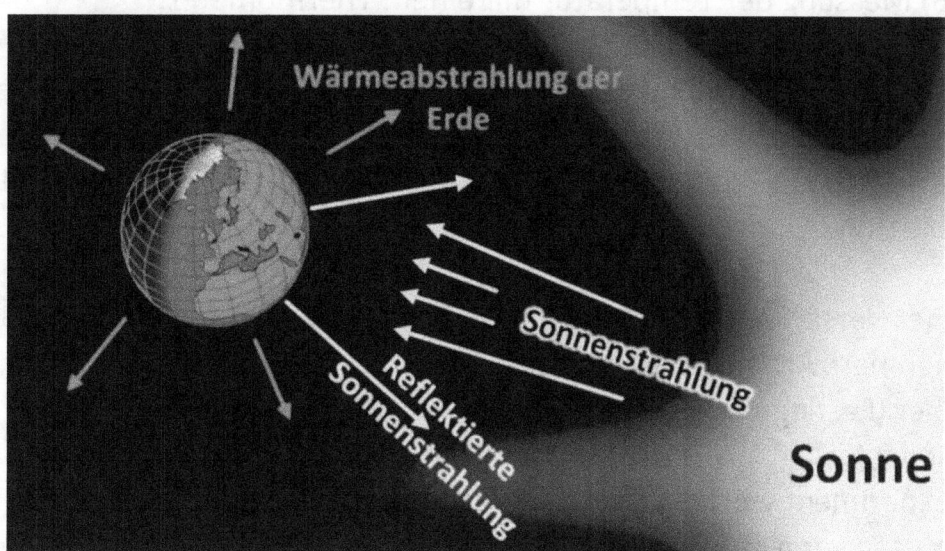

Es muss noch eine weitere Möglichkeit zum Wärmetransport geben!

→ WÄRMESTRAHLUNG

Bei der Wärmestrahlung wird Wärmeenergie von einem Körper zum anderen Körper durch Abgabe (Emission) und Aufnahme (Absorption) von Strahlung transportiert. Teilweise wird die Energie auch reflektiert.

Von allen Körpern geht Strahlung aus. Je höher die Temperatur des Körpers ist, desto mehr Strahlung wird von ihm abgegeben. Bei gleicher Temperatur senden dunkle Körper mehr Energie aus als gleichartige helle Körper.

Anwendung: → Solaranlagen (Solarzellen, Kollektoren)
→ Verschieden lange Phasen der Sonneneinstrahlung während der Jahres führen zum Zustandekommen der Jahreszeiten.

Anhang:

Arbeitsblatt – Temperaturen messen

1) Temperaturen können auf verschiedene Arten bestimmt werden:
A) Messung über unser *Temperaturempfinden* in einem Bereich von ca. 15°C bis ca. 45°C. B) Messung der Temperatur mit einem Thermometer.

2) Das Temperaturempfinden führt zu unterschiedlichen Wahrnehmungen der Temperatur. Es wird verglichen mit kurz vorher gemachten Wahrnehmungen. Dadurch erscheint das lauwarme Wasser einmal warm und einmal kalt. Es entsteht ein subjektiver Eindruck der Temperatur.

3) Bei der Versuchsdurchführung ist zunächst eine Planung durch die Schüler vorzunehmen. Arbeitsaufträge sind:
Zeitgeber (Festlegung der Zeitabstände für eine Messung)
Protokollant
Beim Experiment wird die Funktion des Tauchsieders überwacht.
Das Ablesen kann durch zwei Schüler erfolgen.

Probleme:
Ablesefehler durch falsche Thermometerhaltung.
Festlegung der Zeitabstände für die Messungen. Dies kann bei der zweiten Durchführung optimiert werden.
Die Koordination der Zusammenarbeit ist wichtig!

Die Ergebnisse werden anschließend aus der Tabelle ins Diagramm übertragen. Dabei ist die Festlegung und Einteilung der Achsen zu beachten.

Als Ergebnis stellt sich bei der Annäherung an die 100 °C ein näherungsweise stationärer Zustand ein. Die Schüler sollen erkennen, dass eine weitere Erhöhung der Temperatur im flüssigen Zustand nicht möglich ist. Die Temperaturänderungen bei der Annäherung an die Siedetemperatur werden kleiner bei gleichen Zeitabständen.

Weiterhin hat die Durchmischung des Wassers während der Durchführung einen Einfluss auf die Ergebnisse. Bei der Durchführung kann beim zweiten Durchlauf auch beständig gerührt werden (Zusätzlicher Aufgabenbereich). Die Position des Thermometers im Glas ist auch ein wichtiger Punkt der zu beachten ist.

Anhang: Flüssigkeiten erwärmen und abkühlen

Aufgaben:

4) Berechne die Volumenzunahme aus dem Versuch:

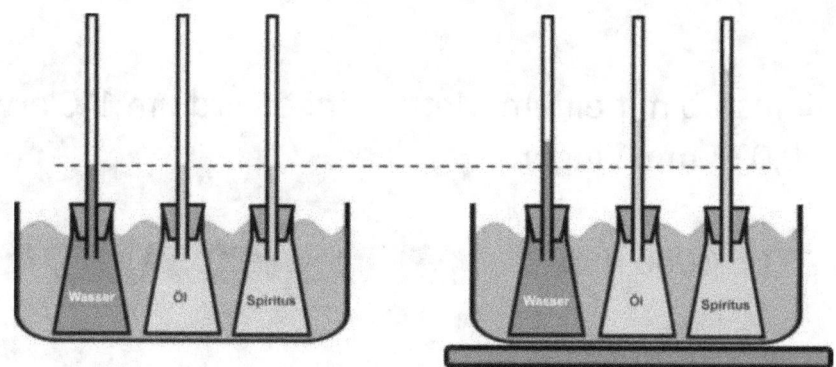

Geh davon aus, dass sich die Temperatur von 20°C auf 50°C erhöht hat und in einem Gefäß zunächst 80ml der Flüssigkeit befanden.
(Flüssigkeiten: Wasser, Öl [Glyzerin], Spiritus)

Wasser: $V_\vartheta = 80ml \cdot \left(1 + 0,000206 \tfrac{1}{K} \cdot (50-20)K\right) = 80,4944 ml$

Glyzerin: $V_\vartheta = 80ml \cdot \left(1 + 0,00052 \tfrac{1}{K} \cdot (50-20)K\right) = 81,248 ml$

Spiritus: $V_\vartheta = 80ml \cdot \left(1 + 0,0014 \tfrac{1}{K} \cdot (50-20)K\right) = 83,36 ml$

5) In einem Quecksilber-Thermometer befindet sich bei Raumtemperatur eine Quecksilbermenge von 1ml. Weches Volumen nimmt das Quecksilber bei einer Temperatur von 70°C ein?

$V_\vartheta = 1ml \cdot \left(1 + 0,0001811 \tfrac{1}{K} \cdot (70-20)K\right) = 1,009055 ml$

6) Ein Heizöltank wird bei Raumtemperatur (20°C) mit 6000 l Heizöl betankt. Die Anzeige steht anschließend auf 80%. Die Temperatur im Keller beträgt aber nur 10°C. Was ist auf der Anzeige nach wenigen Stunden (ohne Heizölentnahme) zu sehen?

$V_\vartheta = 6000l \cdot \left(1 + 0,0007 \tfrac{1}{K} \cdot (10-20)K\right) = 5958 l$

$6000l \mathrel{\hat=} 80\% \rightarrow 5958l \mathrel{\hat=} 79,44\%$

Anhang: Wärmeausdehnung fester Stoffe

Materialien ändern ihre Länge bei Temperaturänderung. Als Maß beziehen wir uns hier jeweils auf einen Stab mit einer Länge von 1 m (= 1000 mm).

Beispiel:
Ein Aluminiumstab mit einem Meter Länge wird um 1°C erwärmt. Dabei wird er um 0,023 mm länger.

Länge bei 20°C: 1000 mm

Länge bei 21°C: 1000,023 mm

Länge bei 22°C: 1000,046 mm

usw.

Material	Ausdehnungskoeffizient α bei 20°C [$\frac{1}{K}$]
Aluminium	0,0000231
Beton	0,000012
Blei	0,0000289
Diamant	0,00000118
Eisen	0,0000118
Glas (Quarzglas)	0,0000005
Gold	0,0000142
Kupfer	0,0000165
Messing	0,000018
Nickel	0,0000134
Platin	0,0000088
Porzellan	0,000003
Silber	0,0000189
Stahl	0,000012
Wolfram	0,0000045
Zink	0,0000302

Anhang: Fest Körper erwärmen und abkühlen

Aufgaben:

7) Ein Kupferrohr hat bei Raumtemperatur (23°C) eine Länge von 5m. Es wird von 80°C heißem durchflossen. Wie ändert sich dadurch die Länge des Rohres?

$$l_\vartheta = l_0 \cdot (1 + \alpha \cdot \Delta\vartheta) = 5m \cdot (1 + 0{,}0000165 \tfrac{1}{K} \cdot 57K) \cong 5{,}0047025m$$

8) Wie ändert sich die Länge einer 120 m langen Eisenbrücke während der Jahreszeiten? (Sommer: 35°C, Winter: -15°C)

$$l_\vartheta = l_0 \cdot (1 + \alpha \cdot \Delta\vartheta) = 120m \cdot (1 + 0{,}0000118 \tfrac{1}{K} \cdot 50K) \cong 120{,}0708m$$

9) Informiere dich über „Radreifen" bei der Eisenbahn. Wie werden diese Radreifen mit dem Radkörper des Eisenbahnrades verbunden?
Radreifen bestehen aus speziellem Stahl und umschließen den Kern eines Eisenbahnrades wir der Gummi bei einem Autoreifen. Die Radreifen werden aufgeschrumpft. Durch Erwärmung dehnt sich zunächst der Radreifen. Dadurch passt er um den Kern des Rades. Dann wird er abgekühlt und sitz dann fest auf dem Kern des Rades.

10) Der Eifelturm (aus Stahl) hat eine Höhe von 324 m. Wie ändert sich seine Höhe im Sommer und Winter? (Sommer: 35°C, Winter: -15°C)

$$l_\vartheta = l_0 \cdot (1 + \alpha \cdot \Delta\vartheta) = 324m \cdot (1 + 0{,}000012 \tfrac{1}{K} \cdot 50K) \cong 324{,}1944m$$

Der Eifelturm ist im Sommer also fast 20 cm höher als im Winter!

11) Eine rechteckige Säule aus Messing ist 50cm lang, 3cm breit und 10cm hoch. Sie wird um 90°C erhitzt.
A) Wie ändern sich Länge, Breite und Höhe? B) Welches Volumen hat danach?

Länge: $l_\vartheta = l_0 \cdot (1 + \alpha \cdot \Delta\vartheta) = 50cm \cdot (1 + 0{,}000018 \tfrac{1}{K} \cdot 90K) \cong 50{,}081cm$

Breite: $b_\vartheta = b_0 \cdot (1 + \alpha \cdot \Delta\vartheta) = 3cm \cdot (1 + 0{,}000018 \tfrac{1}{K} \cdot 90K) \cong 3{,}00486cm$

Höhe: $h_\vartheta = h_0 \cdot (1 + \alpha \cdot \Delta\vartheta) = 10cm \cdot (1 + 0{,}000018 \tfrac{1}{K} \cdot 90K) \cong 10{,}0162cm$

Volumen (vorher): $V_1 = l_0 \cdot b_0 \cdot h_0 = 50cm \cdot 3cm \cdot 10cm = 1500cm^3$

Volumen (nachher): $V_\vartheta = l_\vartheta \cdot b_\vartheta \cdot h_\vartheta \cong 1507{,}3018cm^3$

12) Die Dehnungsfuge einer Brücke (Stahl) hat im Sommer bei 35°C eine Breite von 42mm. Im Winter ist die Fuge 78mm breit. Wie lang ist die Brücke?

$$\Delta l = l_\vartheta - l_0 = 78mm - 42mm = 36mm$$

$$\Delta l = \alpha \cdot l_0 \cdot \Delta\vartheta \rightarrow l_0 = \frac{\Delta l}{\alpha \cdot \Delta\vartheta} = \frac{36mm}{0{,}000012 \tfrac{1}{K} \cdot 50K} = 60000mm = 60m$$

Anhang: Gase erwärmen und abkühlen

Aufgaben:

6) Berechne das Volumen von 5m³ Luft (0°C) bei den Temperaturen 100°C, 273°C, 800°C, -10°C, -100°C.

$$\Delta V_{100°C} = \frac{1}{273K} \cdot 5m^3 \cdot 100K \cong 1,8315 m^3$$

$$\Delta V_{273°C} = \frac{1}{273K} \cdot 5m^3 \cdot 273K \cong 5 m^3 \quad (Verdopplung)$$

$$\Delta V_{800°C} = \frac{1}{273K} \cdot 5m^3 \cdot 100K \cong 14,652 m^3$$

$$\Delta V_{-10°C} = \frac{1}{273K} \cdot 5m^3 \cdot (-10)K \cong -0,183 m^3$$

$$\Delta V_{-100°C} = \frac{1}{273K} \cdot 5m^3 \cdot (-100)K \cong -1,8315 m^3$$

7) Die Temperatur in einem Klassenzimmer (10m Länge, 6m Breite und 3m Höhe) wird von 10°C auf 23°C erhöht. Wie viel Luft entweicht dabei?

$$V = 10m \cdot 6m \cdot 3m = 180 m^3$$

$$\Delta V_{13°C} = \frac{1}{273K} \cdot 180 m^3 \cdot 13K \cong 8,57 m^3$$

8) Eine verschlossene Flasche (2l) wird von 10°C auf 60°C erwärmt. Wie viel Luft entweicht beim Öffnen der Flasche?

$$\Delta V = \frac{1}{273K} \cdot 2l \cdot 50K \cong 0,366 l$$

9) Um welche Temperatur muss man einen Liter Luft erwärmen, damit sich das Volumen verdoppelt?

$$\Delta V = V_0 \rightarrow V_0 = \frac{1}{273K} \cdot V_0 \cdot \Delta\vartheta \rightarrow \Delta\vartheta = 273K$$

10) Der Luftdruck bei einem Autoreifen sollte im Herbst/Winter gelegentlich kontrolliert werden. Warum genau dann?
Die Luft nimmt bei niedrigeren Außentemperaturen einen geringeren Raum ein. Deshalb sinkt auch der Luftdruck im Reifen. Ggf. muss das dann korrigiert werden. Der Reifen ist deshalb nicht kaputt!!

Anhang: Wärmekapazität

Aufgaben:

5) Welche Energie ist nötig um 5 Liter Wasser von 35°C auf 80°C zu erhitzen?

   geg: $m = 5l$; $c = 4,182 \frac{kJ}{kg \cdot K}$; $T_1 = 35°C$; $T_1 = 80°C$

   ges.: W_Q

   lös.: $W_Q = c \cdot m \cdot \Delta \vartheta = \underline{\underline{940,95 kJ}}$

6) Welche Energie ist nötig um 10 kg Glas von 35°C auf 80°C zu erhitzen?

   $W_Q = c \cdot m \cdot \Delta \vartheta = \underline{\underline{360 kJ}}$

7) Die Temperatur in einem Klassenzimmer (10m Länge, 6m Breite und 3m Höhe) wird von 10°C auf 23°C erhöht. Welche Energie ist dafür nötig? (1 Liter Luft bei 10°C wiegt 0,001247kg)

   $V = 10m \cdot 6m \cdot 3m = 180 m^3 \rightarrow m = 180000 \cdot 0,001247 kg = 224,46 kg$

   $W_Q = 1,005 \frac{kJ}{kg \cdot K} \cdot 224,46 kg \cdot 13K \cong \underline{\underline{2932,6 kJ}}$

8) Das Freibad Waschmühle hat eine Wasserfläche von 7400m².

   a) Berechne die benötigte Energiemenge um die Temperatur von 20°C auf 26°C zu erhöhen. (Geh von einer Wassertiefe von 3m aus.)

   $V = 7400 m^2 \cdot 3m = 22200 m^3 \rightarrow m \cong 22200 kg$

   $W_Q = 4,182 \frac{kJ}{kg \cdot K} \cdot 22200 kg \cdot 6K \cong \underline{\underline{557042,4 kJ}}$

   b) Wie oft könntest du deinen Handy-Akku damit aufladen? (Energiemenge für eine Aufladung ca. $6,5 Wh = 23,4 kJ$)

   $\frac{W_Q}{W_{Akku}} = \frac{557042,4 kJ}{23,4 kJ} = \underline{\underline{23805}}$

   Man könnte den Akku ca. 23800 Mal aufladen!

Weitere Skripte:

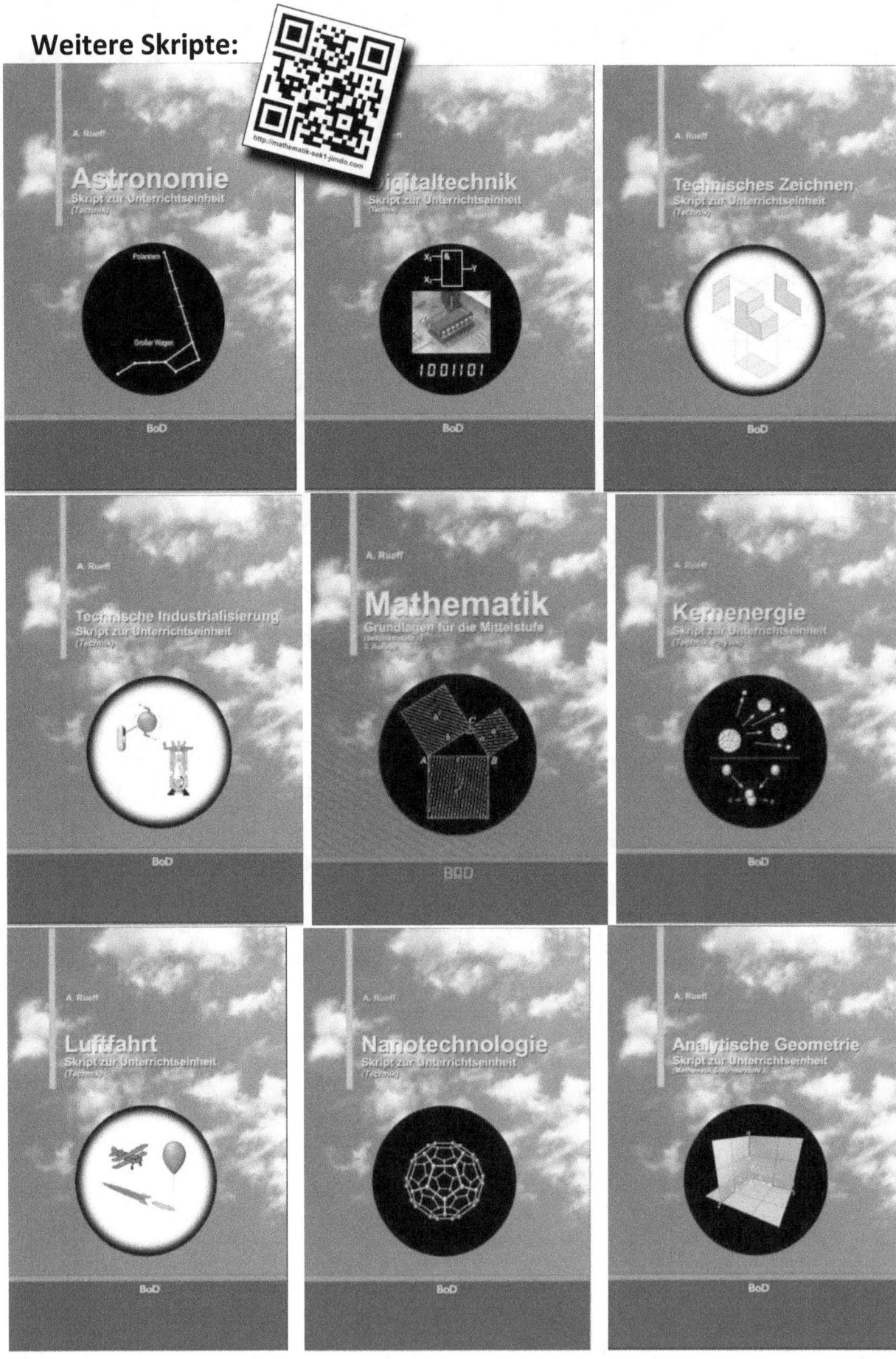